爱上数学 27

· 规律 1 ·

U0243072

托比家的菜园子

〔韩〕金敏静 / 著 〔韩〕田秀贤 / 绘 江凡 / 译

云南出版集团 晨光出版社

最近，托比家的菜园里发生了一件奇怪的事情。

菜园里有规律地排列着一些大小不一的便便，到底是谁把便便拉在了托比家的菜园里呢？

有规律地排列着？"规律"是什么意思呢？

3

蔬菜王

选拔大赛

选拔蔬菜种得最好的
妖怪为蔬菜王。欢迎大家
踊跃参加!

妖怪村

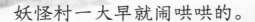

妖怪村一大早就闹哄哄的。

大树信息板平时用来向村民传递信息，此时它的周围聚集了很多妖怪，你一言我一语地在议论着什么。

"要举办蔬菜王选拔大赛？"

"听说要选出村里蔬菜种得最好的妖怪。"听到这里，小妖怪托比的眼睛里顿时闪起了亮光。

"我一定要成为蔬菜王，蔬菜王非我莫属！"托比紧紧地握了握拳头，暗暗下定决心。

托比风风火火地跑向自家的菜园。

一进菜园，他就拿出妖怪专用的宝物取宝棒，念起了咒语。

"蔬菜种子快快出来！"

只见各种各样的蔬菜种子从取宝棒里"呼啦啦"地飞了出来。

"快快发芽，快快长大！"

托比嘴里哼着小曲儿，高兴地撒着种子。

第二天太阳刚升起来，托比就来到菜园里忙活了。

他打算先浇点儿水，好让种子快快发芽。

"咦，这……这是怎么回事？"

托比还没来得及浇水，就发现了不对劲儿的地方——

一颗颗小小的便便，一坨坨大大的便便，整齐地排

列在他的菜园里。

"哎呀，是谁把便便拉在了我的菜园里？"托比一头雾水。

托比百思不得其解，只好去找住在邻村的便便博士帮忙。

"便便博士，听说您知道所有关于便便的知识，对吗？"托比问。

"当然！虽然住在妖怪村的动物们的便便都很奇特，但只要我仔细观察一下，就知道是谁的便便。"

托比带着便便博士来到了自己的菜园。

"您看，不知道是谁把便便拉在了我的菜园里。这一颗颗小小的便便，还有这一坨坨大大的便便，到底是谁的呢？"

便便博士凑近便便，用鼻子闻了起来。

没过多久，便便博士吸了吸鼻子说道："啊哈，我知道啦！"

"这些小小的便便是兔子拉的，而大大的便便是驴拉的，根据这个排列顺序来看，应该是他俩先后拉在这里的。"

听完这话，托比立刻去找兔子和驴。

"你们在我的菜园里拉便便了对吗？我的蔬菜马上就要发芽了，这可怎么办啊？"

"对不起！作为补偿，我们帮你给菜园浇水吧。"

兔子和驴把菜园里的便便埋起来以后，用心地浇起了水。

蔬菜发芽后又过了一段时间，托比去菜地里查看。

"应该快开花结果了吧？"

到了菜园后，托比大吃一惊。

皮球形状的便便、香蕉形状的便便、星星形状的

便便……

形状各异的便便整齐地排列在菜园里。

"天哪，又是谁把便便拉在了我的菜园里？"

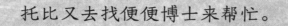

托比又去找便便博士来帮忙。

"博士，您看看这次又是谁在我的菜园里拉的便便？"

便便博士拿着一个大大的放大镜，说道："先让我观察一下这些便便。"

接着，便便博士举着放大镜东看看西瞧瞧。

过了一会儿，便便博士眼前一亮，说道："啊哈，我知道啦！"

　　"这些便便的主人分别是山羊、狗和奶牛。没错，就是山羊、狗和奶牛先后在这里拉了便便。"

　　听完这话，托比立刻去找他们三个。

　　"是你们在我的菜园里拉了便便对吗？现在蔬菜种子马上就要开花结果了，这可怎么办啊？"

　　"对不起！作为补偿，我们帮你打理菜园吧。"

　　山羊、狗和奶牛把菜园里的便便埋起来以后，用心地帮托比除草、捉虫。

蔬菜王选拔大赛的时间越来越近了，妖怪们也变得忙碌起来。

烈日炎炎的时候，为了让蔬菜不干渴，他们要给蔬菜多浇水；"哗啦哗啦"下雨的时候，为了给蔬菜排水，他们还要挖水渠；每天都要给蔬菜除草、捉虫。

托比就更是了，每天都尽心尽力地照顾着菜园里的这些菜。

虽然很辛苦，但是看着"噌噌"长大的
蔬菜，大家的脸上都满是笑容。

这天，托比家的菜园里又发生了一件令人惊讶的事。

"噢，天啊，太不可思议了！"

托比吓了一跳，简直不敢相信自己的眼睛。

菜地里，西红柿、黄瓜、红薯和土豆有规律地排列着，西红柿和黄瓜结得又大又多，红薯和土豆也可以预测会有大丰收。

托比高兴得大叫起来:"哇,我的菜园子也太漂亮了吧!"

得知消息的妖怪们，争先恐后地跑到托比家的菜园里来参观。

托比热情地给妖怪们带路，"你们看，这里的蔬菜是有规律的，西红柿、黄瓜、红薯、土豆，西红柿、黄瓜……"

这时，妖怪奶奶不小心一脚踩在了蔬菜上。

"哎哟，我老眼昏花，好像踩到西红柿了。"

"奶奶，您怎么知道踩到的是西红柿？"

"刚才你不是说这里的蔬菜是有规律的嘛，这是土豆，那挨着它这边的肯定就是西红柿喽！"

终于到了蔬菜王选拔大赛这天！

妖怪们都带着自己种的蔬菜前来参赛。

经过一番选拔，主持人宣布最终结果。"现在，由我来宣布我们妖怪村的蔬菜王。本届蔬菜王得主，就是——托比！"

大家鼓掌欢呼，托比获奖真可谓是众望所归。

"请问，您蔬菜种得这么好，有什么可以跟大家分享的秘诀吗？"主持人一边给托比颁发奖牌，一边问道。

"其实，这多亏了便便博士。"

妖怪们齐刷刷地看向站在角落里的便便博士。

便便博士走上领奖台，有些不好意思地说："不不，这全是动物们的功劳，他们的便便是很好的肥料，可以让菜园的土壤变得肥沃。所以，托比家菜园里的蔬菜就长得格外茁壮。"

听完这些话，妖怪们都赞叹地鼓起了掌。

托比走到动物们面前，不好意思地说："我之前还因为你们在我的菜园里留下便便生气，实在是对不起。以后也拜托你们去我的菜园里多拉点儿便便吧！"

动物们高兴地点了点头。

蔬菜王选拔大赛结束后，妖怪们争相邀请动物们去自家的菜园，还拿出动物们喜欢的食物来款待他们。

动物们吃得饱饱的，然后……

你们猜，以后妖怪村的菜园会变成什么样呢？

让我们跟便便博士一起回顾一下前面的故事吧！

托比家菜园里的蔬菜是按照一定规律排列的，想必大家对此都印象深刻吧。规律就是按一定的顺序或次序反复出现的意思。一开始，托比发现菜园里有规律地排列着大小不一的便便，后面还有更神奇的事，菜园子里生长的蔬菜也是按规律排列的！

现在，让我们详细地了解一下规律的有关内容吧。

数学面对面

数学概念 如何找出规律

如果你仔细观察，就会发现我们周围的很多事物都是有规律的。找到排列的规律，就能提前预知下一个会出现什么。

做找规律的题时，首先观察排列的顺序；找到重复的部分后，再想想空格里应该放入的形状；最后，再次确认放入的形状是否符合规律。下面我们来学习一些常用的规律类型。

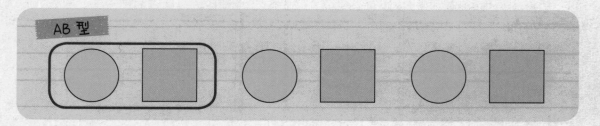

在 AB 型里，A 代表圆，B 代表正方形。上图的规律就是圆和正方形按顺序重复出现。

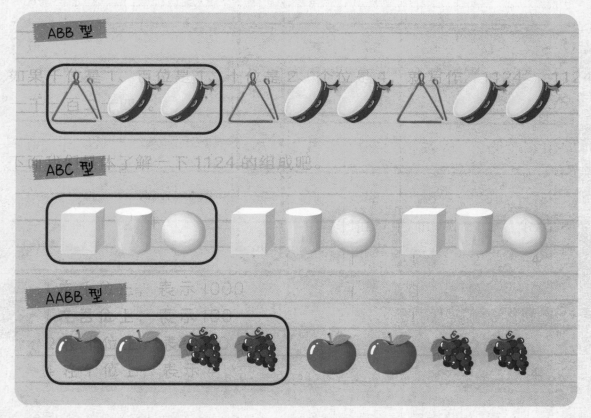

除了以上这些有代表性的类型外，规律的种类其实还有很多。

下面这个百数表中，每向右边走一格，数就大 1。每向下边走一格，数字就大 10。

1	2	3	4	5	6	7	8	9	10
11	12	13	14	15	16	17	18	19	20
21	22	23	24	25	26	27	28	29	30
31	32	33	34	35	36	37	38	39	40
41	42	43	44	45	46	47	48	49	50
51	52	53	54	55	56	57	58	59	60
61	62	63	64	65	66	67	68	69	70
71	72	73	74	75	76	77	78	79	80
81	82	83	84	85	86	87	88	89	90
91	92	93	94	95	96	97	98	99	100

你能发现以下这些规律吗？

红色粗线圈出的部分，从 51 开始，每向右边走一格，数就大 1。

蓝色粗线圈出的部分，从 6 开始，每向下走一格，数就大 10。

绿色箭头划出的部分，从 1 开始，每向对角线走一格，数就大 11。

你还能找出其他规律吗？

小兔和阿虎在玩数字卡片游戏，并按照自己定好的规律摆放卡片。

规律不仅在数里能找到，在我们的日常生活中也能找到。

台历上的规律

如右图所示，台历上的日期，每向右走一格，日期就大1。我们再来观察竖列，每向下走一格，日期就大7。7天为一周，比如从星期二开始，7天过去会是下一个星期二。

日	一	二	三	四	五	六
1	2	3	4	5	6	7
8	9	10	11	12	13	14
15	16	17	18	19	20	21
22	23	24	25	26	27	28
29	30	31				

3

身边的数学 生活中的规律

前面我们已经了解了一些排列规律，现在我们再来看看生活中还有什么地方隐藏着规律。

📖 文学

歌谣里的规律

《鸟儿鸟儿在树上睡》是一首摇篮曲，每一个短句都是 4 个字，连成了一段朗朗上口的旋律。还有《猪妈妈，猪宝宝》这首儿歌，也暗藏着规律。"胖乎乎的猪宝宝 / 要吃饭呀唠唠唠……猪妈妈回来了吗 / 来啦来啦唠唠唠"，"猪宝宝"和"唠唠唠"这 3 个字短语有规律地进行重复。像上面的儿歌这样，文字的字数按照一定的规律一一对应，就可以成为像歌词一样有韵律的歌谣。

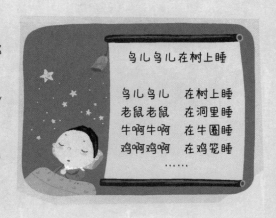

🧪 科学

永不停止的四季交替

我们生活的这颗美丽星球，很多地方都四季分明。你知道春、夏、秋、冬四个季节不停交替的原因是什么吗？地球绕着太阳转一圈需要一年的时间，这叫作"公转"。地轴是地球自转的假想轴，它透过地心连接南北两极。地球每天围绕地轴转一圈，这就是地球上昼夜交替的原因。地球上有四季，正是因为地轴不是直上直下，而是倾斜了大约 23.5°。不同的季节，我们从太阳上获取的能量都不一样。夏季，我们从太阳上获取的能量多，天气就热；相反，冬季的天气就冷。春季和秋季获取太阳的能量介于夏季和冬季之间。

 **生活**

各种各样的时间表

在学校里，每天在哪个时间段学习哪门功课，通常都是提前规定好的。我们按照课程表的规划，过着每上 40 分钟课就休息 10 分钟的规律的学校生活。这样的时间表，在其他领域也被广泛使用。比如，我们出远门要用到的飞机或者火车的时刻表。仔细地观察这些时刻表，我们除了会知道飞机或火车每隔一段时间就会有规律地起航或发车外，还能知道不同班次其时间间隔也是不一样的。

▲ 机场航班时刻表

📖 **文化**

传统艺术花纹

仔细观察古代的宫殿或者寺庙的柱子、墙壁和天花板，上面大多会有各种各样的图案或花纹。古人在制作花纹的时候，常常会使用植物或动物等图案进行有规律的重复。不同的花纹蕴含着不同的意义，比如盛开的牡丹花象征着富贵，石榴或葡萄则是希望多子多孙。

趣味小游戏 1　去奶奶的菜园玩

被选拔为蔬菜王的托比要去奶奶的菜园玩。观察奶奶提供的线索，找出出行规律，然后把路线连出来。

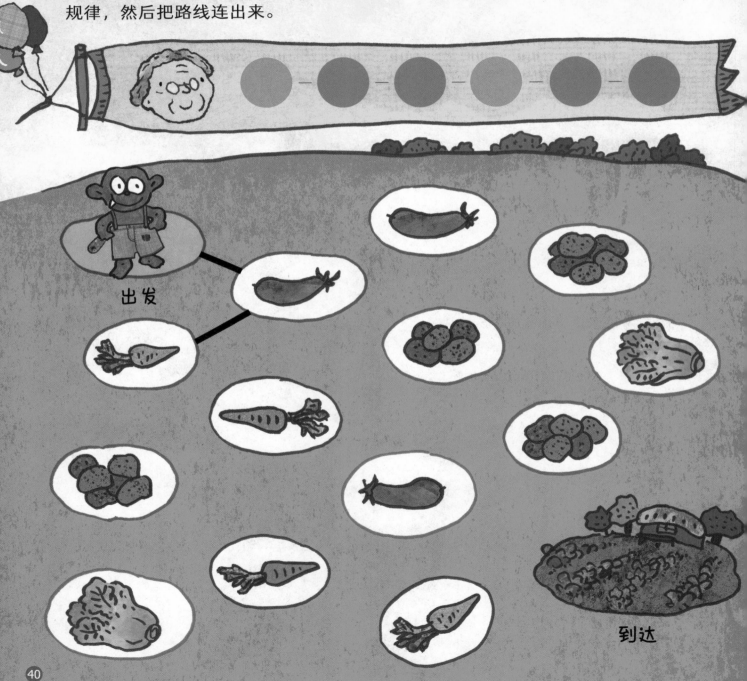

出发

到达

规律大树的果子

趣味小游戏 2

　　规律大树上结出了数字果实。树上果实的数字规律是：从 2 开始，每个数都比前一个数大 2；掉在树下的果实的数字规律是：从 1 开始，每个数都比前一个数大 2。请在空格里填出相应的数字。

趣味小游戏3 找出便便的规律

妖怪村的村民们描述了自己菜园里便便的样子。根据他们的描述，沿黑色实线剪下最下方的三组便便图案，分别贴在正确的位置上。

我家菜园里的便便可以用数字"1-1-2-1-1-2"来表示。

我家菜园里的便便可以用图形"□-○-◇-□-○-◇"来表示。

粘贴处

我家菜园里的便便可以用文字"甲-乙-丙-丁-甲-乙-丙-丁"来表示。

我家菜园里的便便可以用字母"A-B-B-C-A-B-B-C"来表示。

粘贴处

粘贴处

种菜计划表

托比和动物朋友们一起种菜，为了更有计划性，动物们把要做的事情都标在了台历上。找出下图台历上的规律，在空格处画上相应的记号并涂色。

种菜的记号

浇水 除草 捉虫

日	一	二	三	四	五	六
4月	1 ♥	2 ♥	3 ✿	4 ★	5 ★	
6 ♥	7 ♥	8 ✿	9 ★	10 ★	11	12 ♥
13 ✿	14 ★	15 ★	16 ♥	17 ♥	18	19 ★
20	21 ♥	22 ♥	23	24 ★	25 ★	26
27 ♥	28 ✿	29 ★	30			

看谁说得对

妖怪村的朋友们一边看着数字排列表，一边描述规律。下面三个妖怪谁的描述正确？找出正确的那一个并圈出来。

1	2	3	4	5
6	7	8	9	10
11	12	13	14	15
16	17	18	19	20
21	22	23	24	25

我按照从1开始，每个数都比前一个数大6的规律标出了数字。

我按照从3开始，每个数都比前一个数大6的规律标出了数字。

1	2	3	4	5
6	7	8	9	10
11	12	13	14	15
16	17	18	19	20
21	22	23	24	25

1	2	3	4	5
6	7	8	9	10
11	12	13	14	15
16	17	18	19	20
21	22	23	24	25

我按照从3开始，每个数是前一个数的3倍的规律标出了数字。

我的专属杯垫

　　将纸条按一定次序编织起来，就可以做一个有规律花纹的杯垫。按照下一页的制作方法，沿黑色实线剪下下面的纸，试着做一个自己的专属杯垫吧。

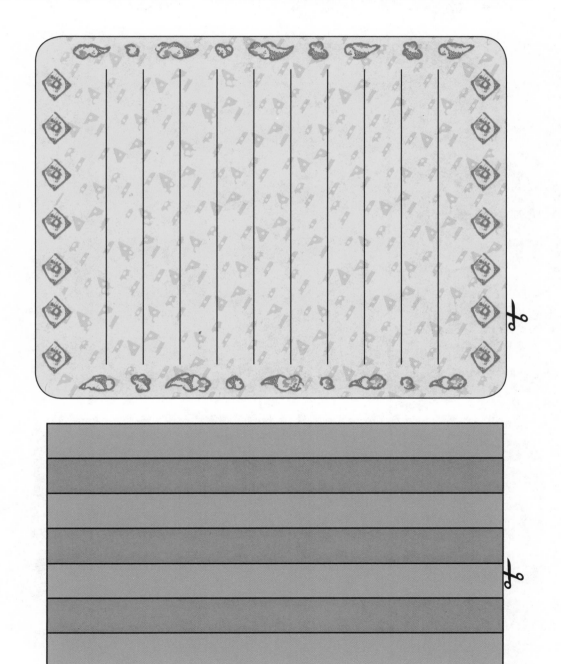

 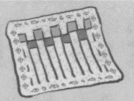 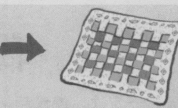

1. 沿黑色实线分别剪开杯垫的底托和红色、绿色的纸条。别忘记划开杯垫上的黑色实线。

2. 将剪下的纸条从绿色开始一格上，一格下地交替编织在底托上。

3. 编完后翻面，用胶棒或双面胶粘好固定，一个漂亮的杯垫就做好了。

阿虎和小兔在比赛，看谁找到的规律多。观察下面的电话机，按箭头指示方向写出数字的规律。

参考答案

40~41 页

橘色的圆代表茄子，绿色的圆代表胡萝卜。

趣味小游戏1 去奶奶的菜园玩

被选拔为蔬菜王的托比要去奶奶的菜园玩。观察奶奶提供的线索，找出出行规律，然后把路线连出来。

出发

到达

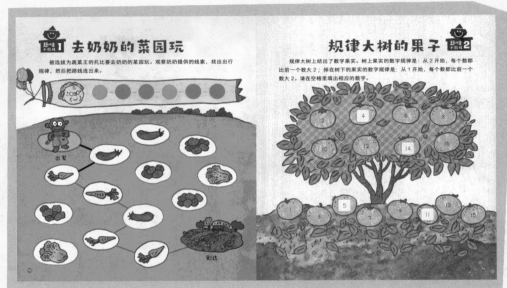

趣味小游戏2 规律大树的果子

规律大树上结出了数字果实。树上果实的数字规律是：从2开始，每个数都比前一个数大2；掉在树下的果实的数字规律是：从1开始，每个数都比前一个数大2。请在空格里填出相应的数字。

42~43 页

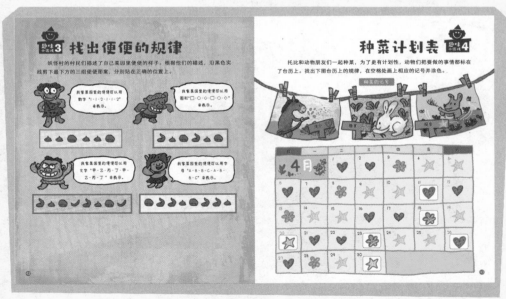

趣味小游戏3 找出便便的规律

妖怪村的村民们描述了自己菜园里便便的样子。根据他们的描述，沿黑色实线剪下最下方的三组便便图案，分别贴在正确的位置。

趣味小游戏4 种菜计划表

托比和动物朋友们一起种菜，为了更有计划性，动物们把要做的事情标在了台历上。找出下图台历上的规律，在空格处画上相应的记号并涂色。